香港四季色

《香港四季色 —— 身邊的植物學：冬》
作者：劉大偉、王天行、吳欣娘
編輯：王天行
3D 模型師：王顥霖

封面及內頁插畫：陳素珊
詞彙表繪圖：潘慧德

國際統一書號 (ISBN)：978-988-237-304-4

出版：香港中文大學出版社
香港新界沙田 · 香港中文大學
傳真：+852 2603 7355
電郵：cup@cuhk.edu.hk
網址：cup.cuhk.edu.hk

Botany by Your Side: Hong Kong's Seasonal Colours—Winter (in Chinese)
By David T. W. Lau, Tin-Hang Wong and Yan-Neung Ng
Editor: Tin-Hang Wong
3D Modeler: Ho-lam Wang

Cover and inside page Illustrations: Sushan Chan
Glossary Illustrations: Poon Wai Tak

ISBN: 978-988-237-304-4

Published by The Chinese University of Hong Kong Press
The Chinese University of Hong Kong
Sha Tin, N.T., Hong Kong
Fax: +852 2603 7355
Email: cup@cuhk.edu.hk
Website: cup.cuhk.edu.hk

香港四季色

—身邊的植物學—

劉大偉、王天行、吳欣娘 編著

王顥霖 3D 模型繪圖製作

04 冬

目錄

白色系

海芋 / p.2

大苞山茶 / p.6

紅皮糙果茶 / p.10

綠色系

鴨腳木 / p.14

黃色系

茳芏紅豆 / p.18

石栗 / p.22

銀杏 / p.26

黃花夾竹桃 / p.30

無患子 / p.34

池杉 / p.38

水松 / p.42

落羽杉 / p.46

序

劉大偉

香港中文大學生命科學學院
胡秀英植物標本館館長

小時候我最喜愛的夏日甜點是涼粉，皆因其清涼及爽彈的口感，於是一直很好奇它的製作材料是什麼。到大學時代我參加了草藥班，才發現拿來製作黑涼粉的食材就是草本植物涼粉草，製作白涼粉的是攀援灌木薜荔，認識了這些物種的植物分類、藥物應用和食用價值的範疇後，自此每每遇見這些品種時，都別具親切感。

那麼，植物在我們心中有何角色？一般而言，大眾也許會把植物與人類的生產工具、食物、藥物、休憩場地，甚至跟朋友聯想在一起。從科學上去理解，植物是與人類共存及共同進化的生物。不論如何去理解，植物每天總會在我們身邊出現，是我們生活的必需品，甚至意想不到地能救我們一命。

涼粉草

薜荔

植物的存在如此重要，小時候雖然學校有教授自然課，但往後我們能認識植物的機會卻寥寥可數，大部分市民對植物都感到一定的陌生。要改變這種現況不容易，皆因植物學並非一門能讓人賺錢的學問，難以提起學生的興趣，植物學中的分類及鑒定目前更處於式微之際。事實上，增進大眾植物學的知識能令自然生態、食物來源、藥物開發得以持續發展，我們有必要加深了解及應用這門基礎科學，讓知識得以傳承下去。

擁有豐富的植物物種和生態環境，正是香港植物多樣性的特點，為研究、保育及教育提供了十分優良的條件。由於多樣性的植物是香港的寶貴資源，順理成章成為胡秀英植物標本館最佳的研究和出版題材。它們生長於郊

區、市區、行人道旁、公園、校園等空間，是我們每天都能接觸到和與之互動的。能進一步認識這些本地的物種，尤其是正確名稱、生長狀態、花果期、生態、民俗植物學、趣聞等資訊，都有助我們去了解和欣賞身旁的一草一木，人與植物共融生活在同一社區內，亦是保育生物多樣性的先決條件。

位於中文大學校園這個小社區內，已記錄超過300種植物品種，包括原生及觀賞種，組成不同類型的植被：次生林、河旁植被、草坡、農地、庭園、藥園等，在中大校園內遊覽，已經可以學習到豐富的植物物種。多樣化的物種所展現的花、果、葉各種色彩，使校園像一幅不同色系的風景畫般，隨著四季變換持續地帶給我們新鮮感，這正是中大校園的特色及悠然之處。

本套書以四季做為分冊，輯錄了香港市區及郊野常見的100種植物，亦是生長在中大校園內的主要品種，以開花季節、花色、果色、葉色做為索引，讀者即使不清楚植物的名稱，循線便可尋得品種及其科學資訊。更可透過本館所製作果實和種子的高清3D結構模型圖，以及由VR記錄的生長狀況，用嶄新的角度去認識植物。本書及本館的網上資料庫，糅合欣賞、科研和學習的功能，讀者於不同季節到訪中文大學，都可運用本書為導覽，親身欣賞到各種植物的自然生長環境和開花結果的情況，並與書做對照。

植物一直默默陪伴在身邊而我們卻總是視而不見，期待本書能重新把人和植物連結起來；只要我們用心顧盼，越是了解便越會尊重與珍視植物，使得香港植物的多樣性能一直保存下去。

關於本書

有別於一般專業植物分類學鑒別圖鑑，本書透過淺白的文字，以植物在季節的突出顏色變化，為大眾市民探索一直與我們一起生活的100種植物。當中包括原生及外來的不同品種，喬木、灌木及攀援等不同的生長形態，具有比彩虹七色更豐富的不同色彩。還為每個品種的葉、花、果及莖或樹幹的簡易辨認特徵，配以相關辨認特徵的高清照片，讓讀者更容易在香港各種類型的社區裏尋找到它們的蹤影。本書有助大眾了解植物分類學及增進生物多樣性的基礎知識。

本書特點

- **如何快速查找植物：**按季節分成春、夏、秋、冬四冊，每冊依據各品種最為突出的顏色（花色、果色或葉色）：紫、紅、橙、黃、綠、白或灰色系編排，讓讀者便捷地找到相關品種的資料，以直觀的方式代替傳統的科學分類檢索方法。
- **關於每個品種，你會學到：**以四頁篇幅介紹每個品種，包括：品種的中英文常用名稱、學名與科名；「關於品種」扼要描述品種的用途、民俗植物知識等；「基本特徵資料」條列各品種的生長形態、葉、花、果的形狀和顏色等辨認特徵。每個品種均配上大量以不同角度與焦距拍攝的照片，清楚展示植物結構，輔以簡明的圖說，介紹品種的生長特徵和環境。
- **增加中英文詞彙量：**附有植物特徵的中英文詞彙，認識植物學之餘同時輕鬆學習相關詞彙。
- **數碼互動：**每個品種均有「植物在中大」和「3D植物模型」二維碼，透過數碼互動媒體，讀者能觀賞到植物所處的生態環境，和果實種子等的立體結構、大小和顏色。

 冬季

冬季是植物葉色轉化最明顯的季節，因此本冊除了冬季開花的8個品種，花色包括白、綠、黃、紅和紫等色系；9個結果的品種，果色包括黃、紅和橙等色系之外，還收錄7個具顯著葉色的品種，包括黃和紅等色系，全冊共載24種。

本書使用的分類系統以被子植物APG IV分類法為準，植物學名、特徵及
相關資訊的主要參考文獻：

- 中國科學院植物研究所系統與進化植物學國家重點實驗室：iPlant.cn植物智
  https://www.iplant.cn/
- Hong Kong Herbarium: HK Plant Database
  https://www.herbarium.gov.hk/en/hk-plant-database
- Missouri Botanical Garden: Tropicos
  https://www.tropicos.org/
- Royal Botanic Gardens: Plant of the World Online
  https://powo.science.kew.org/
- World Flora Online
  http://www.worldfloraonline.org/

植物藥用資訊參考：

- 香港浸會大學：藥用植物圖像數據庫
  https://library.hkbu.edu.hk/electronic/libdbs/mpd
- 香港浸會大學：中藥材圖像數據庫
  https://library.hkbu.edu.hk/electronic/libdbs/mmd/index.html

植物結構顏色定義參考：

- 英國皇家園林協會RHS植物比色卡 第6版（2019重印）
- Henk Beentje (2020). *The Kew Plant Glossary: An illustrated dictionary of plant terms.* Second Edition. Kew Publishing.
- 維基百科 —— 顏色列表
  https://zh.wikipedia.org/zh-hk/顏色列表
- Color meaning by Canva.com
  https://www.canva.com/colors/color-meanings/
- The Colour index
  https://www.thecolourindex.com/

植物詞彙表

I. 葉形

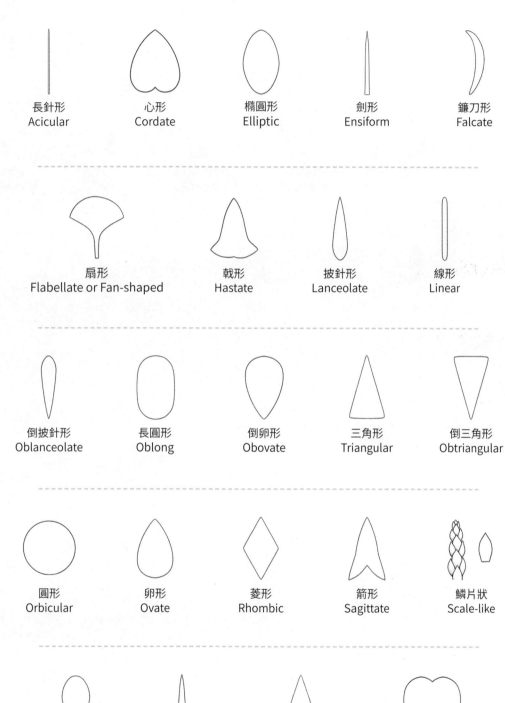

長針形
Acicular

心形
Cordate

橢圓形
Elliptic

劍形
Ensiform

鐮刀形
Falcate

扇形
Flabellate or Fan-shaped

戟形
Hastate

披針形
Lanceolate

線形
Linear

倒披針形
Oblanceolate

長圓形
Oblong

倒卵形
Obovate

三角形
Triangular

倒三角形
Obtriangular

圓形
Orbicular

卵形
Ovate

菱形
Rhombic

箭形
Sagittate

鱗片狀
Scale-like

匙形
Spatulate

尖錐形
Subulate

鏟形 Trullate /
箏形 Kite-shaped

羊蹄形
Goat's foot shaped

盤狀
Discoid

長圓狀
Obloid

紡錘狀
Fusiform

球狀
Globose

晶體狀
Lenticular

倒卵狀
Obovoid

卵狀
Ovoid

扁橢圓球狀
Oblate ellipsoid

垂直橢圓球狀
Prolate ellipsoid

梨狀
Pyriform

半球狀
Semiglobose

近球狀
Subglobose

三角形球狀
Triangular-globose

陀螺狀
Turbinate

平面帶狀
Strap-shaped

頭狀花序
Capitulum / Head

複二歧聚傘花序
Compound dichasium

傘房花序
Corymb

聚傘花序
Cyme

簇生
Fascicle

隱頭花序
Hypanthodium

圓錐花序
Panicle

總狀花序
Raceme

肉穗花序
Spadix

穗狀花序
Spike

傘形花序
Umbel

04 冬

海芋

中文常用名稱： **海芋**
英文常用名稱： **Giant Alocasia, Alocasia**
學名 ： *Alocasia macrorrhizos* (L.) G. Don
科名 ： **天南星科 Araceae**

關於海芋

本種原產地區菲律賓、印尼、巴布亞新畿內亞、澳洲昆士蘭等地。由於用途廣泛，已引種到熱帶多個地區。海芋非常適應熱帶雨林下層的生境，幾乎全年開花，能提供花粉作部分昆蟲的糧食。民間藥中有記錄使用根狀莖，治療腹痛、霍亂等，又可治流感或蛇蟲咬傷。但本種亦有不輕的毒性，其植株的汁液可引致失明、喉舌發癢、腸胃燒痛。使用前，必須經嚴謹的炮製、方劑配伍及臨床診斷，才有機會成功治病，否則其毒性只會帶來嚴重副作用。

生長形態

常綠草本 Evergreen Herb

主莖

- 地下莖常伸延地面，呈小型粗莖狀態
  Rhizome outgrowth above ground forming
  small stout stem

葉

- 葉序：互生 Alternate
- 複葉狀態：單葉 Simple leaf
- 葉邊緣：不具齒 Teeth absent
- 葉形：箭形 Sagittate
- 葉質地：革質 Leathery

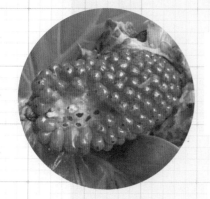

花

- 主要顏色：白色 White ○
- 花期： 1 2 3 4 5 6 7 8 9 10 11 12

果

- 形狀：卵狀 Ovoid
- 主要顏色：成熟時紅色 Red when ripe ●
- 果期： 1 2 3 4 5 6 7 8 9 10 11 12

其他辨認特徵

- 葉緣具波浪起伏
- 葉面有光澤，葉脈明顯

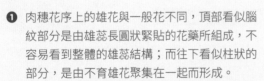

❶ 肉穗花序上的雄花與一般花不同，頂部看似腦紋部分是由雄蕊長圓狀緊貼的花藥所組成，不容易看到整體的雄蕊結構；而往下看似柱狀的部分，是由不育雄花聚集在一起而形成。

❷ 在綠色漏斗型或船形的苞片內的柱狀結構為肉穗花序，上部露出可見的部分是雄花，雌花隱藏在柱狀結構下部，被綠色苞片包圍。

❸ 打開綠色苞片後，可見肉穗花序下部的雌花。

❹ 從頂部觀察，看似紅色粟米狀的小果是海芋的漿果，但是植株含有毒物質草酸鈣針晶體，不宜食用。

❺ 本種的耐陰能力極高，常見於林底較濕的泥土或溪邊。

❻ 能適應市區的人工環境，如在澗渠或建築物的去水位亦能茂盛地生長。

植物在中大

在VR虛擬環境中觀賞真實品種

３Ｄ植物模型

掃描QR code觀察立體結構

參考文獻

1. Rahman, M. M., Hossain, M. A., Siddique, S. A., Biplab, K. P., & Uddin, M. H. (2012). Antihyperglycemic, antioxidant, and cytotoxic activities of *Alocasia macrorrhizos* (L.) rhizome extract. *Turkish Journal of Biology, 36*(5), 574–579. https://doi.org/10.3906/biy-1112-11

大苞山茶

中文常用名稱： **大苞山茶、葛量洪茶**
英文常用名稱： **Grantham's Camellia**
學名 ： *Camellia granthamiana* Sealy
科名 ： **山茶科 Theaceae**

關於大苞山茶

大苞山茶是香港的原生品種，漁農自然護理署標本室於1955年在大帽山採集其模式標本，現永久保存在標本室。因本種的野生分布及成熟群落較少，本港已把大苞山茶列為瀕危品種。本種亦是中國特有物種，只在中國有其野生分布。由於本種的稀有及瀕危狀況，人工繁殖是保育方法之一，將種子子葉組織放在營養物料中，並加入生長調節劑，可培育成新的小植株，栽培一段時間後可重引至野生的群落，或其他同類型合適的生境。本種於1955年被當時任職農林部的劉松彬先生在大帽山首次發現，其後以當時港督葛量洪的名字來命名。

基本特徵資料

生長形態

常綠灌木或喬木 Evergreen Shrub or Tree

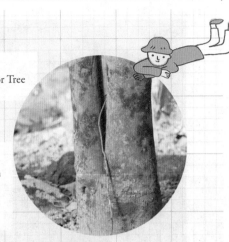

樹幹

- 幼枝灰褐色 Current year branch greyish brown
- 不具裂紋 Not fissured
- 沒有剝落 Not flaky

葉

橢圓形

- 葉序：互生 Alternate
- 複葉狀態：單葉 Simple leaf
- 葉邊緣：具齒 Teeth present
- 葉形：橢圓形或長圓形 Elliptic or oblong
- 葉質地：革質 Leathery

花

- 主要顏色：白色 White ○
- 花期：**1** 2 3 4 5 6 7 8 9 10 11 **12**

果

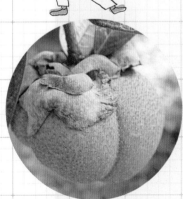

- 形狀：近球狀 Subglobose
- 主要顏色：黃褐色 Fawn ●
- 果期：1 2 3 4 5 6 7 **8 9** 10 11 12

其他辨認特徵

- 葉面有皮革光澤
- 葉片邊緣有細鋸齒

❶ 花瓣8至10片，花瓣末端圓形或淺分裂。

❷ 花蕾外層被約12片苞片及萼片所組成的結構包裹著。

❸ 花中黃色部分由多輪雄蕊排成，正中央有5條較淺色的雌蕊；花蜜豐富，為冬天蜜源。

❹ 果實為蒴果，成熟時分裂成5瓣，果皮厚1厘米，裏面具有近半球狀的種子。

❺ 在寒冷季節開花，花多而大，在樹冠上顯得非常突出。

❻ 原生物種，已列入香港法例第96章，同時列入《香港稀有及珍貴植物》及《中國植物紅皮書》瀕危級別。因為受保育及人工繁殖的關係，可在本港大型公園內找到，圖中植株攝於香港動植物公園內。

❼ 主幹可高約8米，枝葉非常茂密，圖中植株位於中大未圓湖涼亭附近。

植物在中大

在VR虛擬環境中觀賞真實品種

3D植物模型
掃描QR code觀察立體結構

參考文獻

1. Chen, P., Yang, L. -L., Zhang, S. -Z., Zhang, S. -Z., & Yang, J. -F. (2019). Embryonic callus induction and plantlet regeneration of *Camellia granthamiana*. [大苞白山茶胚性愈傷的誘導及植株再生] *Zhiwu Shengli Xuebao/Plant Physiology Journal, 55*(6), 767–773. https://doi.org/10.13592/j.cnki.ppj.2019.0174

2. Li, W., Shi, X., Guo, W., Banerjee, A. K., Zhang, Q., & Huang, Y. (2018). Characterization of the complete chloroplast genome of *Camellia granthamiana* (Theaceae), a Vulnerable species endemic to China. *Mitochondrial DNA. Part B. Resources, 3*(2), 1139–1140. https://doi.org/10.1080/23802359.2018.1521310

紅皮糙果茶

中文常用名稱： **紅皮糙果茶、克氏茶**
英文常用名稱： Crapnell's Camellia
學名 ： *Camellia crapnelliana* Tutcher
科名 ： **山茶科** Theaceae

關於紅皮糙果茶

紅皮糙果茶是香港的原生品種，但其野生群落已很罕見，我們在郊區常見的都是人工栽培的植株。在郊野路旁也容易發現其蹤影，因其樹皮紅褐色，與其他樹皮顏色截然不同，秋冬季本種的花及果實也明顯奪目，果實可達 10 厘米。紅皮糙果茶的研究至今非常有限，曾於 2017 年發現其枝葉的三萜類提取物可抑制一些癡肥及糖尿病的因子。這個物種由香港前林務監督德邱（W. J. Tutcher）於 1903 年在香港柏架山首次發現並命名。

基本特徵資料

生長形態

常綠灌木或喬木 Evergreen Shrub or Tree

樹幹

- 紅褐色 Reddish brown
- 不具裂紋 Not fissured
- 沒有剝落 Not flaky

葉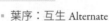

- 葉序：互生 Alternate
- 複葉狀態：單葉 Simple leaf
- 葉邊緣：具齒 Teeth present
- 葉形：倒卵狀橢圓形或橢圓形，兩端尖細
  Obovate elliptic or elliptic with pointed ends
- 葉質地：厚革質 Thick leathery

倒卵狀橢圓形

花

- 主要顏色：白色 White ◯
- 花期：| **1** | 2 | 3 | 4 | 5 | 6 | 7 | 8 | 9 | 10 | 11 | **12** |

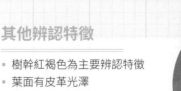

果

- 形狀：近球狀 Subglobose
- 主要顏色：黃褐色 Fawn ●
- 果期：| 1 | 2 | 3 | 4 | 5 | 6 | 7 | 8 | **9** | **10** | 11 | 12 |

其他辨認特徵

- 樹幹紅褐色為主要辨認特徵
- 葉面有皮革光澤
- 葉片邊緣有細鈍齒

1 花瓣6至8片，末端圓形或淺分裂。

2 花中的黃色部分由多輪雄蕊組成，正中央有3條雌蕊。

3 果實為蒴果，相對其他山茶屬品種體積較大，成熟時裂開，果皮相對其他山茶屬品種亦較厚，約1至2厘米。

4 花朵受粉凋謝後，子房逐漸發育成果實的狀態，可以清楚觀察到原本在花冠下方由苞片及萼片組成的杯狀結構殘留物，位於果實基部。

5 主幹高大，枝葉茂密，高度可達12米。原生物種，已列入香港法例第96章受保護植物，並列入《香港稀有及珍貴植物》易危級別及列入《中國植物紅皮書》漸危級別。常見栽種植株在郊野及園圃內，圖中植株位於中大未圓湖畔涼亭。

6 在郊區山坡較平坦的位置可發現栽培植株。

在VR虛擬環境中觀賞真實品種

3D植物模型

掃描QR code觀察立體結構

參考文獻

1. Xiong, J., Wan, J., Ding, J., Wang, P. -P. Ma, G. -L. Li, J., & Hu, J. -F. (2017). Camellianols A-G, Barrigenol-like Triterpenoids with PTP1B Inhibitory Effects from the Endangered Ornamental Plant *Camellia crapnelliana*. *Journal of natural products, 80*(11), 2874–2882. https://doi.org/10.1021/acs.jnatprod.7b00241

鴨腳木

中文常用名稱： **鴨腳木、鵝掌柴**
英文常用名稱： **Ivy Tree**
學名　　　　： *Heptapleurum heptaphyllum* (L.) Y.F. Deng
科名　　　　： **五加科 Araliaceae**

關於鴨腳木

鴨腳木是香港原生品種，常見於較原始的樹林，有助建構成熟的次生林。本種在冬季開花，能提供良好的冬季蜜源，是非常具生態價值的品種。其葉及根皮有民族藥用歷史，可見於廿四味的方劑。科學研究已證實當中含有的化學成分具抗病毒功效。

基本特徵資料

生長形態

常綠灌木或喬木 Evergreen Shrub or Tree

樹幹

- 灰褐色 Greyish brown
- 沒有剝落 Not flaky
- 不具皮刺 Prickle absent

葉

卵狀橢圓形

- 葉序：互生 Alternate
- 複葉狀態：掌狀複葉 Palmately compound leaf
- 小葉邊緣：不具齒 Teeth absent
- 小葉葉形：橢圓形、卵狀橢圓形，兩端尖細
  Elliptic, ovate elliptic with pointed ends
- 葉質地：紙質至革質 Papery to leathery

花

- 主要顏色：淺黃綠色 Pale Yellowish Green
- 花期：1 2 3 4 5 6 7 8 9 10 11 12

果

- 形狀：卵狀或球狀 Ovoid or globose
- 主要顏色：黑色 Black ●
- 果期：1 2 3 4 5 6 7 8 9 10 11 12

其他辨認特徵

- 每個掌狀複葉有 5 至 7 片小葉

① 花季來臨時，盛開的花聚在枝條頂端，為冬天提供了蜜源，故也有冬蜜之稱。

② 花序由很多小花組成。

③ 果實為核果狀，成熟時黑色，每個小果實只有約6至7毫米。

④ 冬季結果，可作為小動物於冬天的糧食。

⑤ 幼株的葉，小葉葉形尖長，葉邊緣偶有具齒。

⑥ 能夠適應較差的生長環境，例如在人工開鑿的山坡上仍然可見喬木的生長狀態。

⑦ 原生物種，主幹可高達15米，可在本港大部分郊野公園山坡或次生林中找到它們的蹤影，圖中植株位於大潭郊野公園。

植物在中大

在VR虛擬環境中觀賞真實品種

3D植物模型

掃描QR code觀察立體結構

參考文獻

1. Li, Y., But, P. P. H., & Ooi, V. E. C. (2005). Antiviral activity and mode of action of caffeoylquinic acids from *Schefflera heptaphylla* (L.) Frodin. *Antiviral Research, 68*(1), 1–9. https://doi.org/10.1016/j.antiviral.2005.06.004

茸莢紅豆

中文常用名稱： **茸莢紅豆**
英文常用名稱： **Hairy-fruited Ormosia**
學名　　　　： *Ormosia pachycarpa* Champ. ex Benth.
科名　　　　： **豆科 Fabaceae**

關於茸莢紅豆

茸莢紅豆是香港的原生種，中大型喬木。1850年 J. G. Champion 在香港跑馬地發現這植物，判斷為新品種，採集作為植物標本（這類標本稱為模式標本，作為科學引用證據），並在1852年發表於世界新種的科學文章上。本種的木材質量高，可媲美柚木。果實於秋季可見，莢果肥而短，表面密被厚毛約4毫米，容易辨認。因其分布群落及數目有限，本種被列入香港稀有及珍貴植物名單的瀕危品種。

基本特徵資料

生長形態

常綠喬木 Evergreen Tree

樹幹

- 灰綠色 Greyish green
- 具裂紋 Fissured
- 沒有剝落 Not flaky

葉

- 葉序：互生 Alternate
- 複葉狀態：奇數一回羽狀複葉 Odd-pinnately compound leaf
- 小葉邊緣：不具齒 Teeth absent
- 小葉葉形：倒披針狀橢圓形 Oblanceolate-elliptic
- 葉質地：革質 Leathery

花

- 主要顏色：粉紫紅色 Purplish pink ●
- 花期： 1 2 3 4 5 6 7 8 9 10 11 12

果

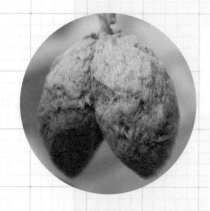

- 形狀：卵狀兩邊扁平 Ovoid, compressed
- 主要顏色：黃褐色 Fawn ●
- 果期： 1 2 3 4 5 6 7 8 9 10 11 12

其他辨認特徵

- 小枝、葉柄、葉底，花序、花萼和莢果密被毛
  （請參閱頁 20 圖 1）

① 與果實表面一樣，葉底（上）、嫩芽（中）及葉柄（下），也布滿灰白色的毛，時間久了會變為灰色。

② 花通常有5片花瓣，其中最上方一片花瓣較大，花序和花萼表面也有毛。

③ 果實為莢果，外殼約2毫米厚，果實表面完全被茸毛所覆蓋。

④ 本館「虛擬立體標本館」網頁內種子的3D結構模型記錄。

⑤ 主幹高聳可高達15米，但並不粗壯。

⑥ 屬於香港稀有及珍貴植物，在郊區很難發現它們的蹤影。

植物在中大

在VR虛擬環境中觀賞真實品種

3D植物模型

掃描QR code觀察立體結構

石栗

中文常用名稱： **石栗**
英文常用名稱： **Candlenut Tree, Common Aleurites**
學名　　　 ： *Aleurites moluccanus* (L.) Willd.
科名　　　 ： **大戟科 Euphorbiaceae**

關於石栗

石栗的樹皮、葉、花、果及種子都有民族藥的使用記錄，包括消炎抗菌等功效，近年亦有甚多的研究工作，確定其有效的化學成分。本種的種子含油量達26%，可混合發泡膠廢料，經催化裂解技術而製成生物汽油，或許成為我們未來的能源救星。

基本特徵資料

生長形態

常綠喬木 Evergreen Tree

樹幹

- 暗灰色 Dark grey
- 具條紋 Striated
- 沒有剝落 Not flaky

葉

- 葉序：互生 Alternate
- 複葉狀態：單葉 Simple leaf
- 葉邊緣：具齒 Teeth present
- 葉形：卵形 Ovate
- 葉質地：紙質 Papery

花

- 主要顏色：白色 White ○
- 花期：1 2 3 4 5 6 7 8 9 10 11 12

果

- 形狀：近球狀扁平 Subglobose and laterally compressed
- 主要顏色：麥稈色 Straw ●
- 果期：1 2 3 4 5 6 7 8 9 10 11 12

其他辨認特徵

- 葉片邊緣具波浪起伏
- 嫩葉兩面被星狀微柔毛；成長葉面無毛，葉底一般可見到星狀微柔毛
- 葉基具明顯腺體

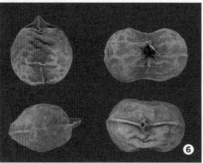

❶ 新生枝條的葉片末端有時會分開成 3 至 5 裂片。

❷ 開花季節時，花多而密集長於枝條的頂端。

❸ 花細小，有 5 片花瓣。

❹ 果實為核果，內果皮和裏面的種子堅硬如石，
因此得名石栗。

❺ 發育中的果實。

❻ 本館「虛擬立體標本館」網頁內果實的 3D 模型
記錄。

❼ 外來物種，常栽種在市區的馬路旁作為行道樹，
常見於本港各區路邊及公園。樹身高大，枝葉茂
密，可高達 18 米，圖中植株位於深井。

❽ 石栗是本港在早年的城市綠化工程常用的物種，
栽種在市區時，多數以複數植株一列栽種，圖中
植株位於荃灣路德圍附近。

植物在中大

在VR虛擬環境中觀賞真實品種

3D植物模型

掃描QR code觀察立體結構

參考文獻

1. Hakim, A., Jamaluddin, J., Idrus, S. W. A., Jufri, A. W., & Ningsih, B. N. S. (2022). Ethnopharmacology, phytochemistry, and biological activity review of *Aleurites moluccana*. *Journal of Applied Pharmaceutical Science, 12*(4), 170–178. https://doi.org/10.7324/JAPS.2022.120419

2. Nurfitriyah, A., Kusumawati, Y., & Juwono, H. (2021). Production of bio-gasoline from catalytic pyrolysis of candlenut oil biodiesel (*Aleurites moluccana*) and polystyrene waste mixture. *Rasayan Journal of Chemistry, 2021*(Special Issue), 64–71. https://doi.org/10.31788/RJC.2021.1456350

銀杏

中文常用名稱 ： **銀杏**
英文常用名稱 ： **Maidenhair Tree, Ginkgo**
學名 ： *Ginkgo biloba* **L.**
科名 ： **銀杏科 Ginkgoaceae**

關於銀杏

銀杏又名白果，原生於中國浙江省，在天目山有野生群落。雖然是引入品種，但其名稱、葉型及用途已深入民心，為人所熟悉。此外，本種的扇形葉及秋冬落葉前轉為黃色，提供了獨特的賞樹景象。由於其種子有大量需求，木材優良，並具園林觀賞價值，因此在中國其他省份、東南亞和歐美等地均有栽培。銀杏葉亦是藥物開發人員的常用選材，其藥用開發範疇包括心血管病、癌症、腦退化症等。

生長形態

落葉喬木 Deciduous Tree

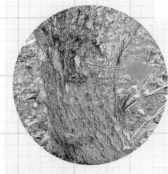

樹幹

- 灰褐色 Greyish brown
- 具裂紋 Fissured
- 沒有剝落 Not flaky

葉

- 葉序：互生 Alternate
- 複葉狀態：單葉 Simple leaf
- 葉邊緣：不具齒 Teeth absent
- 葉形：扇形 Fan-shaped
- 葉質地：紙質 Papery
- 葉色：綠色，冬天黃色 Green, yellow in winter

雄性球花

- 主要顏色：黃綠色 Yellowish green
- 出現期： 1 2 **3 4** 5 6 7 8 9 10 11 12

種子

- 形狀：卵狀或近球狀 Ovoid or subglobose
- 主要顏色：成熟時黃橙色 Yellowish orange when ripe
- 孢子葉球發育成種子的月份： 1 2 3 4 5 6 7 **8 9 10** 11 12

其他辨認特徵

- 種子外皮可發出異臭
- 葉互生近輪生
- 葉的頂端通常左右分開，及具波浪狀的缺口
- 葉脈二叉狀分枝

❶❷❸ 秋冬季在落葉前葉片由淡綠色轉為金黃色。

❹ 雄球花與雌性孢子葉球分別長於不同的植株上，圖中為雄球花。

❺ 香港栽種的銀杏絕大部分不會發育成種子，圖中孢子葉球已發育成種子，攝於日本。

❻ 白果內藏的種子是食用部分，但切忌過量。

❼ 外來物種，多栽種在市區的人工園景或花圃。在日本，秋冬賞杏是一項當地旅遊十分重視的季節活動。因此，植株的保養比一般園藝有更高的級別。攝於日本。

❽ 秋冬季時，整個樹冠的葉片在落葉前轉變成金黃色。圖中植株位於中大未圓湖畔，是本港欣賞銀杏黃葉的著名景點之一。

植物在中大　在VR虛擬環境中觀賞真實品種

3D植物模型　掃描QR code觀察立體結構

參考文獻

1. El-Hallouty, S. M., Rashad, A. M., Abdelrhman, E. A., Khaled, H. A., Ibrahim, M. G., Salem, N. T., Adeeb, R. A., Aniss, Y. W., & Elshahid, Z. A. (2022). Effect of *Ginkgo biloba* leaf extract in combination with vitamin C, E and D on Aluminum Chloride induced Alzheimer in rats. *Egyptian Journal of Chemistry, 65*(13), 827–841. https://doi.org/10.21608/EJCHEM.2022.133257.5889

2. Liang, H., Yao, J., Miao, Y., Sun, Y., Gao, Y., Sun, C., Li, R., Xiao, H., Feng, Q., Qin, G., Lu, X., Liu, Z., Zhang, G., Li, F., & Shao, M. (2023). Pharmacological activities and effective substances of the component-based Chinese medicine of *Ginkgo biloba* leaves based on serum pharmacochemistry, metabonomics and network pharmacology. *Frontiers in Pharmacology, 14*, Article 1151447. https://doi.org/10.3389/fphar.2023.1151447

3. Liu, Y., Xin, H., Zhang, Y., Che, F., Shen, N., & Cui, Y. (2022). Leaves, seeds and exocarp of *Ginkgo biloba* L. (Ginkgoaceae): A Comprehensive Review of Traditional Uses, phytochemistry, pharmacology, resource utilization and toxicity. *Journal of Ethnopharmacology, 298*, Article 115645. https://doi.org/10.1016/j.jep.2022.115645

黃花夾竹桃

中文常用名稱：	**黃花夾竹桃**	
英文常用名稱：	**Yellow Oleander**	
學名	：	*Cascabela thevetia* (L.) Lippold
科名	：	**夾竹桃科 Apocynaceae**

關於黃花夾竹桃

黃花夾竹桃是引入品種，作觀賞之用。本種適應力強，可廣泛種植，但其樹液及種子有毒，必須加強公眾教育，以免因為誤用或誤食而中毒。但在傳統民間有祛痰、發汗、催吐等作用。其種子可作天然生物燃料，近年研究亦有開發其抗癌及抑制細菌的潛能。

生長形態

常綠喬木 Evergreen Tree

樹幹

- 銅色 Coppery
- 具裂紋 Fissured
- 沒有剝落 Not flaky

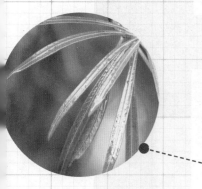

葉

- 葉序：互生 Alternate
- 複葉狀態：單葉 Simple leaf
- 葉邊緣：不具齒 Teeth absent
- 葉形：狹長線形，兩端尖細 Long linear with pointed ends
- 葉質地：革質 Leathery

花

- 主要顏色：黃色 Yellow
- 花期：1 2 3 4 5 6 7 8 9 10 11 12

果

- 形狀：扁三角形球狀 Compressed triangular-globose
- 主要顏色：未成熟時綠色有光澤，成熟時黑色
  Green when young, black when ripe ●
- 果期：1 2 3 4 5 6 7 8 9 10 11 12

其他辨認特徵

- 葉片邊緣向下或 外捲
- 葉面具有光澤的綠色，葉底淺綠色

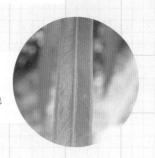

❶ 花瓣5片，有向右旋轉的重疊。

❷ 花瓣基部合成一個花冠筒，狀似喇叭。

❸ 花瓣脫落後，逐漸發育成果實的早期狀態。

❹ 發育中果實綠色。

❺ 果實為核果，成熟後黑色，並逐漸乾化。

❻ 本館「虛擬立體標本館」網頁內果實的3D模型記錄。

❼ 植株常在市區作為行道樹或屏風樹，在茂密的枝葉間，有色彩亮麗的小黃花點綴其中，在綠化同時增加了觀賞價值。

❽ 外來物種，栽種在市區作為園藝，主幹通常不高，小喬木狀態高約6米。

❾ 由於主幹不算高大，通常是作為中層樹景的襯托角色。植株攝於中大新亞書院。

植物在中大 在VR虛擬環境中觀賞真實品種

３Ｄ植物模型 掃描QR code觀察立體結構

參考文獻

1. Adepoju, T. F., Olatunbosun, B. E., Olatunji, O. M., & Ibeh, M. A. (2021). Editorial expression of concern: Brette pearl spar mable (BPSM): A potential recoverable catalyst as a renewable source of biodiesel from *Thevetia peruviana* seed oil for the benefit of sustainable development in West Africa. *Energy, Sustainability and Society, 11*(1), Article 17. https://doi.org/10.1186/s13705-021-00292-7

2. Al-Rajhi, A. M. H., Yahya, R., Abdelghany, T. M., Fareid, M. A., Mohamed, A. M., Amin, B. H., & Masrahi, A. S. (2022). Anticancer, anticoagulant, antioxidant and antimicrobial activities of *Thevetia peruviana* latex with molecular docking of antimicrobial and anticancer activities. *Molecules, 27*(10), Article 3165. https://doi.org/10.3390/molecules27103165

3. Kakati, J., Gogoi, T. K., Pal, S., & Saha, U. K. (2021). Potentiality of yellow oleander (*Thevetia Peruviana*) seed oil as an alternative diesel fuel in compression ignition engines. *Proceedings of ASME 2021 Internal Combustion Engine Division Fall Technical Conference, ICEF 2021*, Article V001T04A003. https://doi.org/10.1115/ICEF2021-67419

無患子

標本照片

中文常用名稱： **無患子、木患子**
英文常用名稱： Soap Berry
學名 ： *Sapindus saponaria* L.
科名 ： **無患子科** Sapindaceae

關於無患子

無患子是中大型的落葉喬木，原產地巴西。在香港繁衍歷史悠久，常見於次生林及鄉村邊緣，亦有栽培作行道樹。其果皮含有皂素，有肥皂的洗滌功能。本種果實亦有多項藥理功能，在抗糖化及抗衰老的功效顯著。其葉提取物亦可作控制植物病害的炭疽病。

基本特徵資料

生長形態

落葉喬木 Deciduous Tree

樹幹

- 灰褐色或黑褐色 Greyish brown or blackish brown
- 不具裂紋 Not fissured
- 沒有剝落 Not flaky

葉

- 葉序：互生 Alternate
- 複葉狀態：偶數一回羽狀複葉 Even-pinnately compound leaf
- 小葉邊緣：不具齒 Teeth absent
- 小葉葉形：橢圓狀披針形 Elliptic lanceolate
- 葉質地：革質 Leathery

花

- 主要顏色：黃綠色 Yellowish green ●
- 花期： 1 2 3 4 5 6 7 8 9 10 11 12

果

- 形狀：近球狀 Subglobose
- 主要顏色：橙黃褐色 Fulvous ●
- 果期： 1 2 3 4 5 6 7 8 9 10 11 12

標本照片

其他辨認特徵

- 果實表面遇水後會產生如肥皂水的液體
- 小葉基部左右不對稱

1. 花輻射對稱，細小，花梗短。圖中為有很多花所組成的圓錐花序。

2. 果實為分果，未成熟時綠色，乾時深褐色。

3. 由成熟果實逐漸變乾時，會由橙色轉變成較深的褐色。

4. 打開果實外皮，可見其種子的發育形態與同科的龍眼十分相近。

5. 原生物種，亦有不少用作園林景觀的樹種。圖中植株位於中大聯合書院。

6. 無患子並非常綠，冬季時會落葉。圖為圖5植株冬天時的樣子。

在VR虛擬環境中觀賞真實品種

掃描QR code觀察立體結構

植物在中大

在VR虛擬環境中觀賞真實品種

3D植物模型

掃描QR code觀察立體結構

參考文獻

1. Bocayuva Tavares, G. D., Fortes Aiub, C. A., Felzenszwalb, I., Carrão Dantas, E. K., Araújo-Lima, C. F., & Siqueira Júnior, C. L. (2021). In vitro biochemical characterization and genotoxity assessment of *Sapindus saponaria* seed extract. *Journal of Ethnopharmacology, 276*, Article 114170. https://doi.org/10.1016/j.jep.2021.114170

2. Marinho, G. J. P., Klein, D. E., & César Luis Junior, S. (2018). Evaluation of soapberry (*Sapindus saponaria* L.) leaf extract against papaya anthracnose. *Summa Phytopathologica, 44*(2), 127–131. https://doi.org/10.1590/0100-5405/175605

3. Rashed, K. N., Ćirić, A., Glamočlija, J., Calhelha, R. C., Ferreira, I. C. F. R., & Soković, M. (2013). antimicrobial activity, growth inhibition of human tumour cell lines, and phytochemical characterization of the hydromethanolic extract obtained from *Sapindus saponaria* L. aerial parts. *BioMed Research International*, 2013, 659183–659189. https://doi.org/10.1155/2013/659183

4. Silva, R. M. G., Martins, G. R., Nucci, L. M. B., Granero, F. O., Figueiredo, C. C. M., Santiago, P. S., & Silva, L. P. (2022). Antiglycation, antioxidant, antiacne, and photoprotective activities of crude extracts and triterpene saponin fraction of *Sapindus saponaria* L. fruits: An in vitro study. *Asian Pacific Journal of Tropical Biomedicine, 12*(9), 391–399. https://doi.org/10.4103/2221-1691.354430

池杉

中文常用名稱： **池杉**

英文常用名稱： **Pond Cypress**

學名 ： *Taxodium distichum* var. *imbricarium*
(Nutt.) Croom

科名 ： **柏科** Cupressaceae

關於池杉

原產地美國東南部，在中國江蘇、浙江、河南、湖北有栽培。可高達25米，呈尖塔形。樹基附近常見有屈膝狀的呼吸根，有助氣體交換。因其耐水性高，非常適應沼澤地區，可作濕地的造林樹種，亦可作為庭園樹種。池杉屬於落羽杉的一個變種，所以在種加詞後用var. 表達變種的名稱*imbricarium*。兩者主要分別是池杉的葉鑽形（狀似粗針），長1厘米內，多方向的排列；而落羽杉的葉條形，長1厘米以上，左右排成兩列，而兩者的木材性質和用途相同。

基本特徵資料

生長形態

落葉喬木 Deciduous Tree

樹幹

- 褐色 Brown
- 具裂紋 Fissured
- 有剝落 Flaky

葉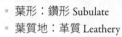

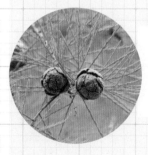

- 葉序：互生 Alternate
- 複葉狀態：單葉 Simple leaf
- 葉邊緣：不具齒 Teeth absent
- 葉形：鑽形 Subulate
- 葉質地：革質 Leathery
- 葉色：綠色，冬天橙黃褐色 Green, fulvous in winter ●

雄性球花

- 主要顏色：褐黃色 Brownish yellow ●
- 出現期： 1 2 **3** **4** 5 6 7 8 9 10 11 12

雌性球果

- 形狀：圓球狀或長圓形球狀 Globose or oblong-globose
- 主要顏色：熟時褐黃色 Brownish yellow when ripe ●
- 出現期： 1 2 3 4 5 6 **7** **8** **9** **10** 11 12

其他辨認特徵

- 葉片在小枝上螺旋狀排列
- 葉面中脈微隆起，每邊有 2 至 4 條氣孔線
- 與落羽杉同樣長有膝狀的氣根
- 樹冠較窄，呈尖塔形

❶❷ 形成一年內的小枝綠色，細長；雄性球果以一串串形態在枝條末端長出。

❸ 形成達二年的小枝呈褐紅色。

❹ 雌性球果表面有裂紋，成熟後裂開。

❺ 樹身高大，可達25米；冬季葉色轉變後，由於是落葉品種，葉片會逐漸稀疏。

❻ 種子成熟後會從雌性球果分離及散播。

❼❽ 池杉在香港主要栽種在大型人工湖或水邊，兩圖為中大於未圓湖畔栽種的多株池杉、落羽杉及水松所形成的人工湖景，對比夏冬兩季，可見整株高大樹冠的葉色轉變能帶來獨特的園藝景觀，增加季節色彩。

⑤

⑥

⑦

⑧

植物在中大

在VR虛擬環境中觀賞真實品種

3D植物模型

掃描QR code觀察立體結構

水松

中文常用名稱：	**水松**
英文常用名稱：	**Water Pine**
學名：	*Glyptostrobus pensilis* (Staunton ex D. Don) K. Koch
科名：	**柏科 Cupressaceae**

關於水松

水松是巨型的裸子植物，一般可達25米高，胸徑達1.2米，因此本種歷史悠久的植株都符合古樹名木的標準，包括樹幹直徑超過1米、高度超過25米。其基部板根明顯，能更適應河岸不穩定的泥土層。水松是中生代的物種，已在地球繁衍生存超過6,500萬年，可稱為植物活化石。現時的分布及群落評估可定義本種為極危的物種，其種子發芽率亦很低，因此有研究運用組織培養的方法，把種子、幼苗及下胚軸等組織發育及發展成小植株，然後再移種至自然保育的生境。

生長形態

半落葉喬木 Semi-deciduous Tree

樹幹

- 褐色或灰白色帶褐色
  Brown or greyish white with brown tinge
- 不具裂紋 Not fissured
- 有剝落 Flaky

葉

- 葉序：互生 Alternate
- 複葉狀態：單葉 Simple leaf
- 葉邊緣：不具齒 Teeth absent
- 葉形：鱗形、線形和條狀鑽形 Scale-like, linear and linear subulate
- 葉質地：厚革質 Thick leathery
- 葉色：綠色，冬天橙黃褐色 Green, fulvous in winter ●

鱗形

雄性球花

- 主要顏色：褐黃色 Brownish yellow ●
- 出現期：**1 2 3** 4 5 6 7 8 9 10 11 12

雌性球果

- 形狀：倒卵狀 Obovoid
- 主要顏色：褐黃色 Brownish yellow ●
- 出現期： 1 2 3 4 5 6 **7 8 9 10** 11 12

其他辨認特徵

- 葉具有多種形狀：鱗形葉、線形葉和條狀鑽形葉

線形

① 冬天條形葉片轉變成金黃色或橙紅色，其後漸脫落。

② 褐色的雄性球花非常細小，通常在葉枝頂端長出，綠色球花為雌性球花。

③ 雌性球花成熟後裂開，露出種子。

④ 雌性球花常長於鱗狀葉叢之間。

⑤ 種子橢圓形稍扁，顏色為褐色，有翅狀結構。

⑥ 外來物種，樹身高大，可長至25米。

⑦ 本種可生長於淡水的濕地生境，增加池塘或河畔的園林景致。

⑧ 冬季葉色轉變後，因應不同環境，落葉情況有所不同，圖中為葉片稀疏時的植株狀態。

植物在中大

在VR虛擬環境中觀賞真實品種

３D植物模型

掃描QR code觀察立體結構

參考文獻

1. Ye, X., Zhang, M., Yang, Q., Ye, L., Liu, Y., Zhang, G., Chen, S., Lai, W., Wen, G., Zheng, S., Ruan, S., Zhang, T., Liu, B.(2022) Prediction of suitable distribution of a critically endangered plant *Glyptostrobus pensilis*. *Forests, 13*(2), 257. https://doi.org/10.3390/f13020257

2. Yuan, L., Ma, S., Liu, K. Wang, T., Xiao, D., Zhang, A., Liu, B., Xu, L., Chen, R., & Chen, L. (2023) High frequency adventitious shoot regeneration from hypocotyl-derived callus of *Glyptostrobus pensilis*, a critically endangered plant. *Plant Cell Tiss Organ Cult 152*(1), 139–149. https://doi.org/10.1007/s11240-022-02396-0

3. Zhang, J., & Fischer, G. A. (2021). Reconsideration of the native range of the chinese swamp cypress (*Glyptostrobus pensilis*) based on new insights from historic, remnant and planted populations. *Global Ecology and Conservation, 32,* Article e01927. https://doi.org/10.1016/j.gecco.2021.e01927

落羽杉

中文常用名稱： **落羽杉**
英文常用名稱： **Bald Cypress, Deciduous Cypress**
學名　　　　： *Taxodium distichum* (L.) Rich.
科名　　　　： **柏科 Cupressaceae**

關於落羽杉

落羽杉原產美國東南部，可算是裸子植物的超級巨人植物，可達50米高，胸徑達2米。木材優質，紋理直，硬度適中，耐腐力強，已有引種到其他地區作植林及庭園樹。科學家發現落羽杉具備一類特別的基因（ADH），當根、莖及葉被水浸泡時，可以發揮效能抗衡缺氧環境，亦可以自動調節缺氧的代謝物，再加上植株附近外露於泥面的呼吸根，可幫助氣體交換，令植株在水生環境亦能如常生長。因此本種可植林在河堤，水庫的水位波動區亦可建林，以減少山泥傾瀉及鞏固生境。

基本特徵資料

生長形態

落葉喬木 Deciduous Tree

樹幹

- 褐色 Brown
- 具裂紋 Fissured
- 有剝落 Flaky

葉

- 葉序：互生 Alternate
- 複葉狀態：單葉 Simple leaf
- 葉邊緣：不具齒 Teeth absent
- 葉形：線形 Linear
- 葉質地：革質 Leathery
- 葉色：綠色，冬季暗黃褐色
  Green, tawny in winter ●

標本照片

雄性球花

- 主要顏色：褐黃色 Brownish yellow ●
- 出現期： 1 2 **3 4** 5 6 7 8 9 10 11 12

雌性球果

- 形狀：球狀、長圓球狀或卵狀 Globose, oblong-globose, or ovoid
- 主要顏色：成熟時紫黑色或藍黑色 Purplish black or indigo when ripe ●
- 出現期： 1 2 3 4 5 6 **7 8 9 10** 11 12

其他辨認特徵

- 葉片每邊有 4 至 8 條氣孔線
- 葉片基部扭轉著生在小枝上，排成羽狀 2 列
- 具有膝根及氣根
- 幼樹樹冠圓錐狀，老樹則呈寬圓錐狀

❶❷ 葉片在秋冬季落葉，呈暗黃褐色，轉色後會
　逐漸變得稀疏。

❸ 雄性球花的標本照片。本品種為裸子植物，沒有
　花卻有雌性球果或雄性球花，雄性球花短而密。

❹ 雌性球果有鱗片狀的外殼。

❺ 在植株生長的周圍泥土通常能找到其突出地面
　的膝根，是氣根的一種。其外表長有很多氣孔，

內部還藏有海綿狀組織，讓空氣更容易進入樹
木的根系。

❻ 樹身高大，可高達 50 米，加上冬季葉色轉變，
　為園景增添冬日色彩。

❼ 冬季葉色轉變，作為大型樹藝物種，圖中植株
　位於中大未圓湖畔。

植物在中大　在VR虛擬環境中觀賞真實品種　3D植物模型　掃描QR code觀察立體結構

參考文獻

1. He, X., Wang, T., Wu, K., Wang, P., Qi, Y., Arif, M., & Wei, H. (2021). Responses of swamp cypress (*Taxodium distichum*) and chinese willow *(salix matsudana)* roots to periodic submergence in mega-reservoir: Changes in organic acid concentration. *Forests, 12*(2), 1–12. https://doi.org/10.3390/f12020203

2. Li, R., Ma, W., Wu, K., Chen, H., Wang, T., Zhou, C., & Wei, H. (2020). Effects of water-level changes in the hydro-fluctuation zone of three gorges reservoir on carbon, nitrogen and phosphorus stoichiometry of *Taxodium distichum*. *Shengtai Xuebao, 40*(3), 976. https://doi.org/10.5846/stxb201809071912

3. Zhang, R., Xuan, L., Ni, L., Yang, Y., Zhang, Y., Wang, Z., Yin, Y. & Hua, J. (2023)ADH gene cloning and identification of flooding-responsive genes in *Taxodium distichum* (L.) Rich. *Plants, 12*(3). https://doi.org/10.3390/plants12030678

露兜樹

中文常用名稱： **露兜樹、假菠蘿**
英文常用名稱： **Screw Pine, Pandanus**
學名 ： *Pandanus tectorius* Parkinson
科名 ： **露兜樹科 Pandanaceae**

關於露兜樹

露兜樹為中小型的喬木，分布於海岸及紅樹林的生境。葉含優質纖維可編蓆、帽子及作工業使用。根及果實可入藥，治感冒及腰腿痛。亦有研究顯示有消炎及維持心血管健康的效用。其嫩芽及果實可食用或作烹調配料，鮮花可提取芳香油。

基本特徵資料

生長形態

常綠灌木或小喬木 Evergreen Shrub or Small Tree

樹幹

- 灰色或灰褐 Grey or greyish brown
- 不具裂紋 Not fissured
- 沒有剝落 Not flaky

葉

- 葉序：互生 Alternate
- 複葉狀態：單葉 Simple leaf
- 葉邊緣：不具齒 Teeth absent
- 葉形：劍形 Ensiform
- 葉質地：革質 Leathery

花

- 主要顏色：白色 White ○
- 花期： 1 2 3 4 **5 6 7 8** 9 10 11 12

標本照片

果

- 形狀：近球狀 Subglobose
- 主要顏色：橙色 Orange ●
- 果期： 1 2 3 4 5 6 7 8 9 10 11 12

其他辨認特徵

- 長尾尖的葉尖
- 葉邊緣和葉底中脈具有魚鉤狀的刺狀物

❶ 果實為球形聚花果，由多個小果實（核果）聚合而成，多長於葉叢生的位置。

❷ 果實上的每個小果實也可長成幼苗。

❸ 果實成熟後猶如菠蘿，所以又稱假菠蘿。

❹ 花序的標本照片。

❺ 具多分枝的氣根。

❻ 在海岸生境，植株多生長成一個群落而且氣根縱橫交錯。

❼ 植株在人工園圃中的生長狀態，主幹較不明顯。

植物在中大

在VR虛擬環境中觀賞真實品種

３Ｄ植物模型

掃描QR code觀察立體結構

參考文獻

1. Doncheva, T., Kostova, N., Toshkovska, R., Philipov, S., Nam, V. D., Dat, N. T., Trung, N. Q., Giang, D. H., & Hau, D. V. (2022). Alkaloids from *Pandanus amaryllifolius* and *Pandanus tectorius* from Vietnam and their anti-inflammatory properties. *Comptes Rendus de L'Academie Bulgare des Sciences, 75*(6), 812–820. https://doi.org/10.7546/CRABS.2022.06.04

2. Sudarisman, Rahman, M. B. N., & Ridho M. (2020). The effect of processing route parameters on tensile properties of *Pandanus tectorius* fibers. *Journal of Physics: Conference Series, 1471*(1), Article 12057. https://doi.org/10.1088/1742-6596/1471/1/012057

3. Syafri, E., Jamaluddin, Harmails, Umar, S., Mahardika, M., Amelia, D., Mayerni, R., Mavinkere Rnagappa, S., Siengchin, S., Sobahi, T. R., Khan, A., & Asiri, A. M. (2022). Isolation and characterization of new cellulosic microfibers from pandan duri (*Pandanus tectorius*) for sustainable environment. *Journal of Natural Fibers, 19*(16), 12924–12934. https://doi.org/10.1080/15440478.2022.2079582

楓香

中文常用名稱： **楓香**
英文常用名稱： **Sweet Gum, Chinese Sweet Gum**
學名　　　　： *Liquidambar formosana* Hance
科名　　　　： **蕈樹科 Altingiaceae**

關於楓香

楓香常見於香港的山坡及低地的次生林，亦有大量種植而成的行道樹或小樹林群落。本種是中大型的喬木，從溫帶至熱帶地區都有分布及適應生長，其耐火性及萌生力強，從生態植林角度考慮，本種是優質選擇，再者秋冬季節整株的葉轉紅，都帶給郊遊人士觀賞及愉快的氣氛。不同群落的紅葉都有顏色上的差異，取決於葉綠素、類胡蘿蔔素、花青素和糖分等等的比例，在不同地區的溫度、濕度及環境因素都會改變葉中的多種化學成分，最後呈現不同程度的紅色。

基本特徵資料

生長形態

落葉喬木 Deciduous Tree

樹幹

- 灰褐色 Greyish brown
- 具裂紋 Fissured
- 有剝落 Flaky

葉

- 葉序：互生 Alternate
- 複葉狀態：單葉 Simple leaf
- 葉邊緣：具齒 Teeth present
- 葉形：掌狀 3 裂 Palmately 3-lobed
- 葉質地：紙質 Papery
- 葉色：綠色或硃砂色 Green or cinnabar ●

花

- 主要顏色：淡黃綠色 Pale yellowish green ●
- 花期： 1 2 **3 4 5 6** 7 8 9 10 11 12

雄花標本照片

果

- 形狀：球狀 Globose
- 主要顏色：黑褐色 Brown ●
- 果期： 1 2 3 4 5 6 **7 8 9** 10 11 12

其他辨認特徵

- 葉片搓揉後有香氣
- 葉基呈淺心形 ----
- 葉片齒尖具腺體

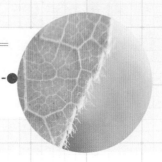

⑥

⑦

① 秋季時葉片由綠色轉為橙紅色或朱紅色。

② 由於是落葉品種，葉片轉紅色後會逐漸變得
　疏落。

③ 在市區作為行道樹時，因栽種空間所限引致樹
　幹較細小。

④ 可在郊區林緣、村落及風水林找到它們的蹤影。

⑤ 冬季來臨時，整棵樹冠的葉片變成朱紅色，別
　具秋意色彩。

⑥ 花的標本照片。花分雌雄兩性，可在同一植株
　上同時找到，雌花上有不育雄蕊。雌花的萼片
　成為果實上的針狀突出物。

⑦ 果實為木質蒴果，由多個小花組成，環繞整個
　聚花果具有很多針狀突出物。

植物在中大

在VR虛擬環境中觀賞真實品種

3D植物模型

掃描QR code觀察立體結構

參考文獻

1. Wang, D. -X., De, Y. -J., Shi, X., & Shi, J. -X. (2017). Change of leaf color of four *Liquidambar formosana Families* under different environmental conditions. *Forest Research, 30*(3), 503–510. https://doi.org/10.13275/j.cnki.lykxyj.2017.03.020

小果鐵冬青

中文常用名稱： **小果鐵冬青**
英文常用名稱： **Small-fruited Holly, Chinese Holy**
學名　　　　： *Ilex rotunda var. microcarpa* (Lindl. ex Paxton) S.Y. Hu
科名　　　　： **冬青科 Aquifoliaceae**

關於小果鐵冬青

小果鐵冬青是香港原生品種，常見於次生林、村旁，亦有用作行道樹及觀賞。當冬季結果期，其紅色果實別具聖誕氣氛，亦可提供果物給雀鳥食用。其原變種鐵冬青的樹皮或根皮入藥，是常用藥材「救必應」，功能廣泛，包括清熱解毒、利濕、止痛。

基本特徵資料

生長形態

常綠喬木 Evergreen Tree

樹幹

- 灰色至灰黑色 Grey to greyish black
- 不具裂紋 Not fissured
- 沒有剝落 Not flaky

葉

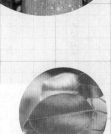

- 葉序：互生 Alternate
- 複葉狀態：單葉 Simple leaf
- 葉邊緣：不具齒 Teeth absent
- 葉形：長圓形或橢圓形 Oblong or elliptic
- 葉質地：薄革質或紙質 Thin leathery or papery

花

- 主要顏色：白色 White ◯
- 花期： 1 2 **3** **4** **5** 6 7 8 9 10 11 12

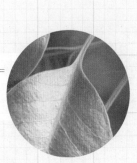

雄花

雌花

果

- 形狀：近球狀 Subglobose
- 主要顏色：赤紅色 Crimson ●
- 果期： **1** **2** 3 4 5 6 7 8 9 10 11 **12**

其他辨認特徵

- 葉兩面無毛
- 葉柄具縱溝

① 當雄蕊發育不全,通常變得相當短小而且沒有
花粉,而雌蕊子房發達,便是雌花。

② 當雌蕊發育不全而雄蕊明顯發育能分辨花藥及
花絲時,便是雄花。

③ 果實成熟時,花梗發育成果梗後,仍然保留了
具毛的特徵。

④ 冬季果實成熟時,赤紅色的果實,纍纍聚在一
起。果實為漿果狀核果,球狀的果實大小一般
不會超過7毫米。

⑤ 香港原生物種,亦常見栽種為園藝或行道樹,圖
中植株位於中大崇基學院。

⑥ 可在郊區山坡及林邊找到它們的蹤影。

植物在中大

在VR虛擬環境中觀賞真實品種

3D植物模型

掃描QR code 觀察立體結構

參考文獻

1. Zeng, W., Cui, H., Yang, W., & Zhao, Z. (2022). A systematic review: Botany, phytochemistry, traditional uses, pharmacology, toxicology, quality control and pharmacokinetics of *Ilex rotunda* Thunb. *Journal of Ethnopharmacology, 298*, Article 115419. https://doi.org/10.1016/j.jep.2022.115419

簕欀花椒

中文常用名稱： **簕欀花椒、鷹不泊**
英文常用名稱： **Prickly Ash**
學名 ： *Zanthoxylum avicennae* (Lam.) DC.
科名 ： **芸香科 Rutaceae**

關於簕欀花椒

簕欀花椒是香港原生品種，J. G. Champion 於 1847 至 1850 年間在港島歌賦山一帶已有發現。本種於夏季開花，提供豐富蜜源，也是鳳蝶幼蟲的食用植物，甚具生態價值。葉、根皮及果皮有花椒氣味，味苦而麻舌。民間用作為袪風袪濕及止痛的草藥。近代的藥理研究亦發現本種具抗真菌的功效。

基本特徵資料

生長形態

落葉喬木 Deciduous Tree

樹幹

- 暗灰至灰褐 Dark grey to greyish brown
- 具條紋 Striated
- 具皮刺 Prickles present

葉

橢圓形 / 倒卵形

- 葉序：葉互生，小葉對生 Leaf alternate, leaflet opposite
- 複葉狀態：奇數一回羽狀複葉 Odd-pinnately compound leaf
- 小葉邊緣：具齒 Teeth present
- 小葉葉形：橢圓形、倒卵形，兩端尖細
  Elliptic, obovate with pointed ends
- 葉質地：革質 Leathery

花

- 主要顏色：黃白色 Yellowish white ○
- 花期： 1 2 3 4 5 **6 7 8** 9 10 11 12

標本照片

果

- 形狀：球狀 Globose
- 主要顏色：淺櫻桃紅色 Cerise ●
- 果期： 1 2 3 4 5 6 7 8 9 **10 11 12**

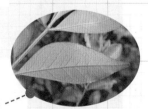

其他辨認特徵

- 葉有腺點，葉片搓揉後有花椒香氣
- 頂生小葉左右對稱；側生小葉左右不對稱

❶ 標本照片。花非常細小，在微距拍攝下可見花
　　瓣5片。

❷ 冬季結果期，果實多而密集。

❸ 在放大鏡下，切開果實可見黑褐色的種子。

❹ 果實為蓇葖果，表面有明顯微凸的油腺點。

❺ 原生物種，通常可在山坡或溪邊的灌叢中找到它
　　的蹤影。

❻ 冬季結果期時，紅色密集的果實為植株樹冠增添
　　鮮艷的色彩。

植物在中大

在VR虛擬環境中觀賞真實品種

3D植物模型

掃描QR code觀察立體結構

參考文獻

1. Li, Y. -X., Zheng, N. -N., & Yuan, K. (2014). Chemical composition in different parts of the ethanol extract from *Zanthoxylum avicennae* and antimicrobial activity. *BioTechnology: An Indian Journal, 10*(7), 1899–1903.

2. Ji, K. -L., Liu, W., Yin, W. -H., Li, J. -Y., & Yue, J. -M. (2022). Quinoline alkaloids with anti-inflammatory activity from *Zanthoxylum avicennae*. *Organic and Biomolecular Chemistry, 20*(20), 4176–4182. https://doi.org/10.1039/d2ob00711h

3. Xiong, Y., Huang, G., Yao, Z., Zhao, C., Zhu, X., Wu, Q., Zhou, X., & Li, J. (2019). Screening effective antifungal substances from the bark and leaves of *Zanthoxylum avicennae* by the bioactivity-guided isolation method. *Molecules, 24*(23), Article 4207. https://doi.org/10.3390/molecules24234207

棟葉吳茱萸

中文常用名稱： **棟葉吳茱萸**

英文常用名稱： **Melia-leaved Evodia**

學名 ： *Tetradium glabrifolium* (Champ. ex Benth.) T. G. Hartley

科名 ： **芸香科 Rutaceae**

關於棟葉吳茱萸

棟葉吳茱萸是原生品種，J. G. Champion 於 1847 至 1850 年間在香港首次發現本種，並採集模式標本成科學記錄。本種常見於次生林及灌叢的生境。其奇數羽狀複葉和樹皮明顯突起的皮孔有助鑒定本種。樹幹是優質木材，因其生長快速並具生態價值，可作為造林樹種。根及果實具健胃、驅風、消腫功效，果實亦可提取天然農藥作殺蟲之用。王維詩作〈九月九日憶山東兄弟〉：「獨在異鄉為異客，每逢佳節倍思親，遙知兄弟登高處，遍插茱萸少一人」當中的「茱萸」與棟葉吳茱萸為同屬植物。

基本特徵資料

生長形態

常綠喬木 Evergreen Tree

樹幹

- 深褐色 Speia
- 沒有剝落 Not flaky
- 具皮孔 Lenticel present

葉

卵形

- 葉序：互生 Alternate
- 複葉狀態：奇數一回羽狀複葉 Odd-pinnately compound leaf
- 小葉邊緣：不具齒 Teeth absent
- 小葉葉形：卵形或披針形 Ovate or lanceolate
- 葉質地：革質 Leathery

花

- 主要顏色：綠白色 Greenish white ○
- 花期： 1 2 3 4 5 6 **7 8 9** 10 11 12

果

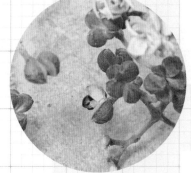

- 形狀：三角形球狀 Triangular globose
- 主要顏色：紫紅色 Purplish red ●
- 果期： 1 2 3 4 5 6 7 8 9 **10 11 12**

其他辨認特徵

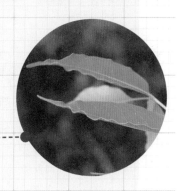

- 搓揉葉片後有香氣
- 頂生小葉的葉基左右對稱；
  側生小葉的葉基左右不對稱
- 小葉邊緣波浪起伏
- 樹幹有明顯突起的皮孔

❶ 花萼片及花瓣均為5片，花雖細小，但也是夏秋的蜜源，圖中蜜蜂正在採花蜜。

❷ 果實為聚合蓇葖果，成熟時每個外殼會一邊裂開，內藏黑色種子。

❸ 冬天時，果實遍布在樹冠，令植株增添了淺櫻桃紅的色彩。

❹ 本館「虛擬立體標本館」網頁內的果實3D結構模型記錄，可見具5個蓇葖果。

❺ 原生物種，在山坡次生林可找到它的蹤影；主幹高大，枝葉茂密，高度可達17米。

❻ 在香港郊區的植株，樹幹常有分泌淺褐色樹膠。

植物在中大

在VR虛擬環境中觀賞真實品種

3D植物模型

掃描QR code觀察立體結構

參考文獻

1. Liu, X. C., Liu, Q., Chen, X. B., Zhou, L., & Liu, Z. L. (2015). Larvicidal activity of the essential oil from *Tetradium glabrifolium* fruits and its constituents against *Aedes albopictus*. *Pest Management Science, 71*(11), 1582–1586. https://doi.org/10.1002/ps.3964

2. Wang, B., Li, P., Yang, J., Yong, X., Yin, M., Chen, Y., Feng, X., & Wang, Q. (2022). Inhibition efficacy of *Tetradium glabrifolium* fruit essential oil against *Phytophthora capsici* and potential mechanism. *Industrial Crops and Products, 176,* Article 114310. https://doi.org/10.1016/j.indcrop.2021.114310

山烏桕

中文常用名稱： **山烏桕**
英文常用名稱： **Mountain Tallow Tree**
學名　　　　：　*Triadica cochinchinensis* Lour.
科名　　　　：　**大戟科** Euphorbiaceae

關於山烏桕

山烏桕是香港原生喬木，常見於中海拔的山區，亦能適應斜坡生長，可輔助鞏固山坡泥土。葉子在秋冬季節大部分轉紅，可成觀賞紅葉的風景樹種。其種子油可製肥皂。山烏桕葉具活血、解毒和利濕作用。藥理研究發現山烏桕蜜可透過調節腸道細菌，從而治療酒精性肝病。

基本特徵資料

生長形態

落葉喬木 Deciduous Tree

樹幹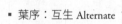

- 灰褐色 Greyish brown
- 具條紋 Striated
- 沒有剝落 Not flaky

葉

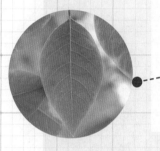

- 葉序：互生 Alternate
- 複葉狀態：單葉 Simple leaf
- 葉邊緣：不具齒 Teeth absent
- 葉形：橢圓形，兩端尖細 Elliptic with pointed ends
- 葉質地：紙質 Papery
- 葉色：冬季時鏽紅色 Rufous in winter ●

花

- 主要顏色：黃綠色 Yellowish green ●
- 花期：1 2 3 **4 5 6** 7 8 9 10 11 12

果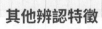

- 形狀：球狀 Globose
- 主要顏色：黑色 Black ●
- 果期：1 2 3 4 5 6 **7 8 9 10** 11 12

其他辨認特徵

- 葉柄頂端具兩個腺體

1 葉片秋冬時由綠色轉紅色。

2 花通常長於枝條頂端，像一條長長的、有釘子的棒，圖中昆蟲在花序上停留。

3 花的標本照片。雌雄花序都能在同一植株上找到，圖中為雌花。

4 果實的標本照片。果實為蒴果，內藏多顆種子。

5 冬季在香港郊野看見一株紅色樹冠的喬木時，多為山烏桕，圖中植株位於馬屎洲地質公園。

6 春天樹冠上的嫩葉仍有紅色色素，顏色醒目。

7 原生物種，常見於次生林。

植物在中大　在VR虛擬環境中觀賞真實品種

3D植物模型　掃描QR code觀察立體結構

參考文獻

1.　Luo, L., Zhang, J., Liu, M., Qiu, S., Yi, S., Yu, W., Liu, T., Huang, X., & Ning, F. (2021). Monofloral *Triadica cochinchinensis* honey polyphenols improve alcohol-induced liver disease by regulating the gut microbiota of mice. *Frontiers in Immunology, 12*, Article 673903. https://doi.org/10.3389/fimmu.2021.673903

海杗果

中文常用名稱： **海杗果**
英文常用名稱： Sea Mango, Cerbera
學名 ： *Cerbera manghas* L.
科名 ： **夾竹桃科** Apocynaceae

關於海杗果

海杗果為夾竹桃科植物，常見於海岸生境及紅樹林區的潮澗帶高位，東南亞以至澳洲都有分布。其名字雖近似食用果樹，但本種果實毒性強烈，用於公園及行道綠化時必須加上警告牌。種子名為牛心茄，有催吐、瀉下的作用，但亦有毒性，臨床上已很少使用。其果實可提取一些相剋化合物，抑制紅潮生長。

基本特徵資料

生長形態

常綠喬木 Evergreen Tree

樹幹

- 灰褐色 Greyish brown
- 具條紋 Striated
- 沒有剝落 Not flaky

葉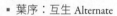

- 葉序：互生 Alternate
- 複葉狀態：單葉 Simple leaf
- 葉邊緣：不具齒 Teeth absent
- 葉形：橢圓狀倒披針形，兩端尖細
  Elliptic oblanceolate with pointed ends
- 葉質地：厚紙質 Thick papery

花

- 主要顏色：白色，花心粉色
  Corolla white, red near the base ○
- 花期： 1 2 3 **4 5 6 7 8 9 10 11** 12

果

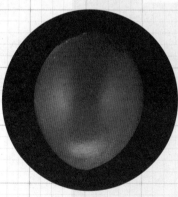

- 形狀：卵狀或球狀 Ovoid or globose
- 主要顏色：未成熟綠色，成熟時鏽紅色
  Green, rufous when ripe ●
- 果期： 1 2 3 4 5 6 **7 8 9 10 11 12**

其他辨認特徵

- 葉面光澤綠色，葉底淡綠色
- 兩面光滑無毛

- ❶ 花瓣5片，略右旋重疊。
- ❷ 花中心有深鮮紅色，內被黃色毛。
- ❸ 花瓣向外捲。
- ❹ 果實為核果，成熟時呈紅色；雖然外表甚似杧果，但果與種子有劇毒，不能食用。
- ❺ 海杧果如同其名字，通常可在海邊或紅樹林中找到其蹤影，攝於鹿頸海邊。
- ❻ 雖然是有毒植物，但也常見於市區及公園的花圃。

植物在中大

在VR虛擬環境中觀賞真實品種

3D植物模型

掃描QR code觀察立體結構

參考文獻

1. Chen, Q., Sun, D., Fang, T., Zhu, B., Liu, W., He, X., Sun, X., & Duan, S. (2021). In vitro allelopathic effects of compounds from *Cerbera manghas* L. on three Dinophyta species responsible for harmful common red tides. *The Science of the Total Environment, 754*, Article 142253. https://doi.org/10.1016/j.scitotenv.2020.142253

2. Maharana, P. K. (2021). Ethnobotanical, phytochemical, and pharmacological properties of *Cerbera manghas* L. *Journal of Biosciences, 46*(1), Article 25. https://doi.org/10.1007/s12038-021-00146-6

爬牆虎

Diverse-leaved Creeper

中文常用名稱： **爬牆虎、異葉爬山虎**
英文常用名稱： **Diverse-leaved Creeper**
學名　　　　： *Parthenocissus dalzielii* Gagnep.
科名　　　　： **葡萄科** Vitaceae

關於爬牆虎

爬牆虎為栽培觀賞品種，就如其名一樣，是個爬牆高手。其枝條變化成的卷鬚末端有強力吸盤，分泌的膠質多糖具萬能膠般的黏力，所以在山崖石壁或樹皮上亦能穩固攀援生長。秋冬季節葉子轉成紅色，更具觀賞價值。植株能垂直生長，在基部灌溉已提供足夠水分支撐全株，是較省水的垂直綠化品種。又有異葉地錦、上樹蛇之名稱。

基本特徵資料

生長形態

落葉木質藤本 Deciduous Woody Climber

莖皮 藤本攀援品種，沒有樹幹

- 灰褐色或黑褐色 Greyish brown or dark brown
- 不具裂紋 Not fissured
- 沒有剝落 Not flaky

葉

心形

卵形

- 葉序：互生 Alternate
- 複葉狀態：單葉或掌狀三出複葉
  Simple or palmately ternate leaf
- 葉邊緣：具齒 Teeth present
- 葉形：單葉呈心形；複葉小葉呈卵形
  Simple leaf cordate; Leaflets ovate in compound leaf
- 葉質地：紙質 Papery
- 葉色：常呈綠色，冬季深紅褐色 Usually green, maroon in winter ●

花

- 主要顏色：綠白色 Greenish white ○
- 花期： 1 2 3 4 **5 6 7** 8 9 10 11 12

標本照片

果

標本照片

- 形狀：球狀 Globose
- 主要顏色：紫黑色或藍黑色
  Purplish black or Indigo ●
- 果期： 1 2 3 4 5 6 **7 8 9 10 11** 12

其他辨認特徵

- 單葉呈心形；複葉的頂生小葉呈卵形，兩側生小葉左右不對稱
- 卷鬚末端吸盤狀
- 葉面深綠色，葉底淡綠色，兩面光滑無毛

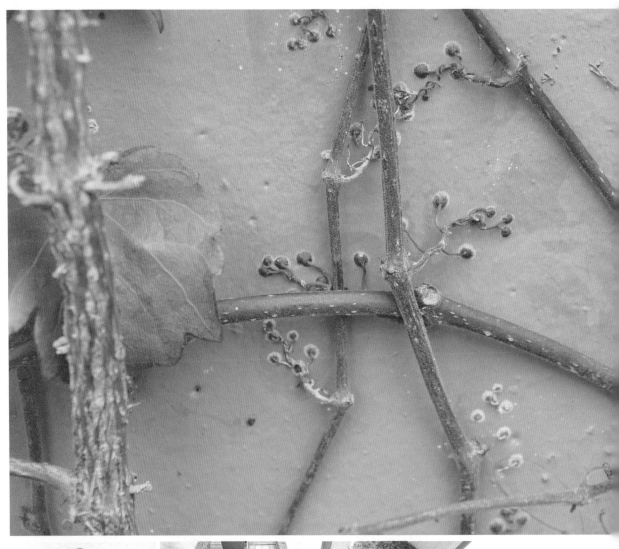

❶ 攀援狀的枝條長有卷鬚，粗短而且有眾多分支，頂端幼嫩時膨大呈圓珠形，當遇到附著物後擴大成吸盤狀，可攀附於石壁、牆垣和樹幹上。

❷❸ 幼葉呈紅色。

❹ 進入秋冬季，葉片由綠色轉變為深紅褐色。

❺ 花細小，圖為花蕾狀態。

❻ 果實為漿果，未成熟時灰白色，成熟後紫黑色。

❼ 由於卷鬚附有吸盤，在建築物的外牆上，也能攀援生長，而且可以覆蓋很大的面積。

❽ 在市區的天橋支柱亦可發現爬牆虎的蹤跡。

植物在中大

在VR虛擬環境中觀賞真實品種

3D植物模型

掃描QR code觀察立體結構

參考文獻

1. Zhang, L., & Deng, W. (2014). Structure characterization and adhesive ability of a polysaccharide from tendrils of *Parthenocissus heterophylla*. *Natural Product Communications*, *9*(4), 541–544. https://doi.org/10.1177/1934578X1400900430

薜荔

中文常用名稱： **薜荔、文頭郎**
英文常用名稱： Creeping fig
學名 ： *Ficus pumila* L.
科名 ： **桑科** Moraceae

關於薜荔

薜荔有悠久的栽培和使用歷史，其果實可提取果膠，製成甜品白涼粉。中醫藥運用其袪風、利濕的功能。綜合近年科研界的成果，發現本種含多種有效成分，包括酚酸、類黃酮、類萜等。藥理研究顯示有消炎、抗菌、抗腫瘤、心血管護養的效能。本種的生長形態和習性亦適合作為樓宇外牆的綠化植物。

基本特徵資料

生長形態

常綠攀援狀灌木
Evergreen Climbing Shrub

莖皮 藤本攀援品種，沒有樹幹

- 褐色 Brown
- 不具裂紋 Not fissured
- 沒有剝落 Not flaky

葉

- 葉序：互生 Alternate
- 複葉狀態：單葉 Simple leaf
- 葉邊緣：不具齒 Teeth absent
- 常見葉形：卵形 Ovate
- 葉質地：革質 Leathery

花（隱頭花序）

- 主要顏色：黃綠色 Yellowish green
- 出現期： 1 2 3 **4 5 6 7 8 9 10 11 12**

果（隱頭果序）

- 形狀：梨狀 Pyriform
- 主要顏色：成熟時梅色 Plum ●
- 出現期： 1 2 3 **4 5 6 7 8 9 10 11 12**

其他辨認特徵

- 小枝條幼時、葉背和葉柄被黃褐色毛
- 葉片有兩種型態，會結出果實的枝條葉片
  一般 5 至 10 厘米，而不結果的枝條葉片通
  常約 2 至 3 厘米
- 切斷面具白色乳汁

① 隱頭花序底部有一個小孔結構，是讓榕屬植物的傳粉者——榕小蜂進出隱頭花序的通道。

② 隱頭花序切開後才看見內裏藏有大量小花。

③ 主莖會向上攀附，常著生於樹木、石頭或牆壁上，圖中可見其攀附能力十分強，能夠在建築物外牆茂盛生長，覆蓋非常大的範圍。

④ 當內藏的小花發育成果實後隱頭花序的外皮會變色，成熟後的隱頭花會稱為隱頭果序。

⑤ 發育中的隱頭果裏有正在發育的微小球狀小果實，類別為瘦果。

⑥ 原生物種，通常可在其他植株樹幹上找到薜荔，圖中的樹幹是位於中大新亞書院附近的一棵木麻黃，被攀援的薜荔重重包圍了主幹。

在VR虛擬環境中觀賞真實品種

植物在中大

掃描QR code觀察立體結構

3D植物模型

參考文獻

1. Gonda, K., Suzuki, K, Sunabe, Y., Kono, K., & Takenoshita, S. (2021). *Ficus pumila* L. improves the prognosis of patients infected with HTLV-1, an RNA virus. *Nutrition Journal, 20*(1), Article 16. https://doi.org/10.1186/s12937-021-00672-x

2. López-López N., Iglesias-Dıáz M. I., Lamosa-Quinteiro S., López-Fabal A., & Cortizas-Surez M. (2022). Evaluation of different plant species arranged in panels for indoor vertical gardens. *Acta Horticulturae, 1345*, 205–208. https://doi.org/10.17660/ActaHortic.2022.1345.27

3. Qi, Z. -Y., Zhao, J. -Y., Lin, F. -J., Zhou, Zhou, W. -L. & Gan, R. -Y. (2021). Bioactive compounds, therapeutic activities, and applications of *Ficus pumila* L. *Agronomy, 11*(1), Article 89. https://doi.org/10.3390/agronomy11010089

山茶

中文常用名稱： **山茶**
英文常用名稱： **Japanese Camellia, Camellia**
學名 ： *Camellia japonica* L.
科名 ： **山茶科 Theaceae**

關於山茶

山茶在四川、山東、台灣有野生群落，本地是引入的觀賞種，在市區園圃很常見。花有紅色、淡紅色和白色，花瓣多層，稱為重瓣，因此花色感覺濃密。再者其生長形態呈灌木及小喬木，在中小型的花圃是最佳選擇。掉落的花，狀似堆肥，其實本種的花蕾至落下的花卉亦是不可多得的藥物資源。花所提取的精油，可抑制金黃色葡萄球菌、大腸桿菌等，亦含有酚酸類抗氧成分，可降低炎症的影響和具抗衰老效果。

基本特徵資料

生長形態

常綠灌木或小喬木 Evergreen Shrub or Small Tree

樹幹

- 灰褐色 Greyish brown
- 不具裂紋 Not fissured
- 沒有剝落 Not flaky

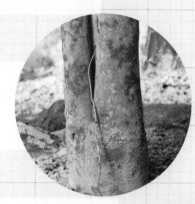

葉

- 葉序：互生 Alternate
- 複葉狀態：單葉 Simple leaf
- 葉邊緣：具齒 Teeth present
- 葉形：橢圓形或倒卵狀橢圓形，兩端尖細
  Elliptic or obovate elliptic, with pointed ends
- 葉質地：革質 Leathery

倒卵狀橢圓形

花

- 主要顏色：深紫紅色 Magenta ●
- 花期： 1 2 3 4 5 6 7 8 9 10 11 12

果

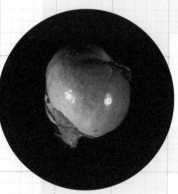

- 形狀：球狀 Globose
- 主要顏色：黃褐色 Fawn ●
- 果期： 1 2 3 4 5 6 7 8 9 10 11 12

其他辨認特徵

- 葉面深綠色有光澤，葉底綠色較葉面淺

① 花大而明顯，看起來像有多片的花瓣，但實際上只有6至7片，其餘是由原來不育雄蕊的組織，在生長發展時漸變成了花瓣狀的結構。這種現象又稱重瓣花冠，通常發生在栽培的花卉上，以提高觀賞價值。

② 其中一種分辨香港茶與山茶的方法，是山茶的雌蕊花柱合生在一起，至頂部才分為3支；而香港茶是3至4支雌蕊分開生長。

③④ 在花蕾狀態時，花瓣被合共10片苞片及萼片所組成的結構所包裹，其後打開讓花瓣盛放。

⑤ 除了深紫紅色花之外，還有白色的山茶花。

⑥ 白花的花蕾。

⑦ 本館「虛擬立體標本館」網頁內果實的3D結構模型記錄。

⑧ 在栽種環境中，經常修剪的護理情況下維持了灌木或小喬木狀態。

在VR虛擬環境中觀賞真實品種

3D植物模型

掃描QR code觀察立體結構

植物在中大

參考文獻

1. Kong, Y., Wang, G., Wang, X., Wang, T., Shen, J., Zhang, A., Zheng, L., & Zhang, Y. (2021). Essential oils from the dropped flowers of *Camellia japonica*: Extraction optimization, chemical profile and antibacterial property. *American Journal of Biochemistry and Biotechnology, 17*(1), 40–49. https://doi.org/10.3844/ajbbsp.2021.40.49

2. Lee, H. -H., Cho, J. -Y., Moon, J. -H., & Park, K. -H. (2011). Isolation and identification of antioxidative phenolic acids and flavonoid glycosides from *Camellia japonica* flowers. *Horticulture Environment and Biotechnology, 52*(3), 270–277. https://doi.org/10.1007/s13580-011-0157-x

香港茶

中文常用名稱： **香港茶**
英文常用名稱： **Hong Kong Camellia**
學名 ： *Camellia hongkongensis* Seem.
科名 ： **山茶科 Theaceae**

關於香港茶

別名香港紅山茶。於1849年在香港首次發現，其後在1859年正式發表成新品種，因此品種名以香港命名，可見其種加詞是 *hongkongensis*，意思是「香港的」。現時本地的野生分布很少，已列入《香港稀有及珍貴植物》瀕危的品種。為了保護野生群落，可以先從保護本種的野生生境著手，而在異地栽培保育亦是延續稀有品種的方法。因此本種在一些保育苗圃、公園也有培植。現時本種的科學研究較少，須尋求更多科學數據，有助本種的保育工作。

基本特徵資料

生長形態

常綠灌木或小喬木 Evergreen Shrub or Small Tree

樹幹

- 1 年小枝灰褐色 First year branchlets greyish brown
- 具裂紋 Fissured
- 沒有剝落 Not flaky

葉

- 葉序：互生 Alternate
- 複葉狀態：單葉 Simple leaf
- 葉邊緣：具齒 Teeth present
- 葉形：橢圓形或長圓形，兩端尖細
  Elliptic or oblong with pointed ends
- 葉質地：革質 Leathery

長圓形

花

- 主要顏色：深紫紅色 Magenta ●
- 花期： 1 2 3 4 5 6 7 8 9 10 11 12

果

- 形狀：球狀或扁球狀 Globose to oblate
- 主要顏色：黃褐色 Fawn ●
- 果期： 1 2 3 4 5 6 7 8 9 10 11 12

其他辨認特徵

- 葉面有皮革光澤
- 幼葉暗紫色

❶ 花瓣通常有6至7片，黃色頂部較短的雄蕊，在多輪雄蕊包圍當中有3條較長的雌蕊。

❷ 花瓣有絲質毛。花瓣外面由11至12片苞片及萼片組成的杯狀結構所包圍。

❸ 果實為蒴果，成熟後裂開3至4瓣，圖中的果實裂開後乾枯殘留在枝條上。

❹ 本館「虛擬立體標本館」網頁內果實的3D模型記錄。從頂部觀察果實的結構，可看到分為3室。

❺ 在人工栽培及良好保育時，可以生長成小喬木狀。

❻ 在園景栽培的香港茶通常會被修剪成灌木或小喬木的狀態。

❼ 香港茶是原生物種，已列入為香港法例第96章受保護物種，同時列入《香港稀有及珍貴植物》瀕危級別，野生較罕見，一般只見於園藝花圃之中。

植物在中大

在VR虛擬環境中觀賞真實品種

3D植物模型

掃描QR code觀察立體結構

洋紫荊

中文常用名稱： **洋紫荊**
英文常用名稱： **Hong Kong Orchid Tree**
學名　　　　： *Bauhinia × blakeana* Dunn
科名　　　　： **豆科 Fabaceae**

關於洋紫荊

洋紫荊在香港薄扶林的海旁首次記錄，模式標本於1905年在香港動植物公園採集。1965年獲定為香港市花，1997年起香港特別行政區採用洋紫荊的元素作為區徽、區旗及硬幣的設計圖案。本種是紅花羊蹄甲（*Bauhinia purpurea* L.）與宮粉羊蹄甲（*Bauhinia variegata* L.）雜交而成，因此極少結果，繁殖方法可運用插條及組織培養。本種在《中國植物誌》的名稱是紅花羊蹄甲，因此植物的同物異名容易引起混淆，必須查核植物拉丁名協助鑒定。

基本特徵資料

生長形態

落葉喬木 Deciduous Tree

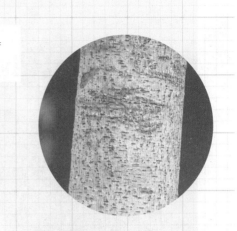

樹幹

- 灰褐色 Greyish brown
- 具條紋 Striated
- 沒有剝落 Not flaky

葉

- 葉序：互生 Alternate
- 複葉狀態：單葉 Simple leaf
- 葉邊緣：不具齒 Teeth absent
- 葉形：羊蹄形 Goat's foot shaped
- 葉質地：紙質 Papery

花

- 主要顏色：深紫紅色 Magenta ●
- 花期： 1 2 3 4 5 6 7 8 9 10 11 12

果

- 雜交品種，罕有結果

其他辨認特徵

- 葉末端分裂成 2 邊鈍頭或半圓形，分裂的長度約 1/3 總葉長，葉片連接葉柄的部分為心形

❶ 每朵花有明顯的5條雄蕊，偶見1至2條較短沒有花藥的不育雄蕊；花正中央有一條較其他雄蕊長的結構是雌蕊；花瓣5片，其中一片明顯較其他4片的顏色為深。

❷ 主幹高大，可達10米，枝葉茂盛，一年中很多時間也有花葉夾雜的狀態。

❸ 雖是原生物種，但由於是不育的雜交品種，繁殖方法主要運用嫁接，因此在樹幹上很容易找得到嫁接的痕跡。

❹ 不論在市區道路旁、屋苑廣場或郊區都很容易找到洋紫荊的蹤影。

嫁接的痕跡

植物在中大　在VR虛擬環境中觀賞真實品種

3D植物模型　掃描QR code觀察立體結構

參考文獻

1. Hao, Y. -L., Shi, D. -X., Wang, M. -L., Wang, J., Xu, X., & Yuan, Y. -Y. (2010). Tissue culture and plantlet regeneration of *Bauhinia blakeana* Dunn. *Plant Physiology Communications, 46*(4), 383–384..

2. Mak, C. Y., Cheung, K. S., Yip, P. Y., & Kwan, H. S. (2008). Molecular evidence for the hybrid origin of *Bauhinia blakeana* (Caesalpinioideae). *Journal of Integrative Plant Biology, 50*(1), 111–118. https://doi.org/10.1111/j.1744-7909.2007.00591.x

香港中文大學校園
100種植物導覽地圖

可用流動裝置掃描二維
碼，以使用即時身處位
置標示地圖功能，協助
尋找標示植物的位置

冬

團隊簡介

劉大偉 作者

香港中文大學生命科學學院胡秀英植物標本館館長

植物學家，曾參與多項有關植物分類學、草藥鑒定及藥理學的研究項目，專責管理「香港植物及植被」計劃。教研興趣包括本港生物多樣性、植物分類學、中藥鑒定及草藥園藝。

王天行 作者、編輯

香港中文大學生命科學學院胡秀英植物標本館教育經理

畢業於千禧年代的香港中文大學生物系，在 STEAM 教育工作有豐富經驗，曾參與建立香港植物及植被數據庫。十多年來製作或參與多個大型科普教育平台和教育計劃，希望透過科普教育將植物的科學知識傳遞給市民大眾，是胡秀英植物標本館「植物學 STEAM 教育計劃」的成員。

吳欣娘 作者

香港中文大學生命科學學院胡秀英植物標本館教研助理

畢業於香港科技大學。從小已對動植物感到好奇，愛在公園、山頭野嶺四處走動，喜愛繪畫和攝影以記下自然中的美。在館內參與關於植物的教研工作，「一沙一世界，一花一天堂」，希望透過本書令大眾及植物愛好者更認識和欣賞一直陪伴在我們身邊的一草一木。

王顥霖 3D 模型繪圖師

香港中文大學生命科學學院胡秀英植物標本館科研統籌員

香港大學環境管理碩士，日常工作涉及野外植物觀察和記錄、植物標本採集、植物辨識和鑒定等。研究範疇包括以 3D 技術記錄植物果實和種子的外形結構特徵，並建立虛擬 3D 果實種子資料庫。曾參與籌備的科研教育活動，包括 VR 植物研習徑、中小學植物學習課程等。

鳴　謝

贊助出版

伍絜宜慈善基金

協助及出版

香港中文大學出版社
編輯：冼懿穎
美術統籌：曹芷昕
插畫及排版：陳素珊

文字整理及編輯協助

李志皓	梁焯彥
李榮杰	湯文英
吳美寶	黃思恆
紀諾儀	葉芷瑜

植物照片拍攝

王天行	陳耀文
王曉欣	湯文英
王顥霖	曾淳琪
吳欣娘	黃思恆
李志皓	黃鈞豪
李敏貞	葉芷瑜
周祥明	劉大偉

虛擬植物生長環境拍攝

王天行
湯文英
黃思恆
葉芷瑜

（人名按筆劃排序）